もくじ

東京書籍版
新編　新しい算数
6年　準拠

JN099413

教科書の内容

ページ

1	つり合いのとれた図形を調べよう	1	❶ 線対称	
		2	❷ 点対称	
		3	❸ 多角形と対称	7・8
2	数量やその関係を式に表そう	4		9・10
3	分数をかける計算を考えよう	5	❶ 分数と整数のかけ算、わり算 ❷ 練習	11・12
		6	❸ 分数をかける計算 ①	13・14
		7	❸ 分数をかける計算 ②	15・16
4	分数でわる計算を考えよう	8	（分数でわる計算を考えよう ①）	17・18
		9	（分数でわる計算を考えよう ②）	19・20
	分数の倍	10		21・22
5	割合の表し方を調べよう	11	❶ 比と比の値	23・24
		12	❷ 等しい比の性質 ❸ 比の利用	25・26
6	形が同じで大きさがちがう図形を調べよう	13	❶ 拡大図と縮図	27・28
		14	❷ 縮図の利用	29・30
7	データの特ちょうを調べて判断しよう	15	❶ 問題の解決の進め方 ①	31・32
		16	❶ 問題の解決の進め方 ② ❷ いろいろなグラフ	33・34

	教科書の内容			ページ
8	円の面積の求め方を考えよう	17	（円の面積の求め方を考えよう ①）	35・36
		18	（円の面積の求め方を考えよう ②）	37・38
9	角柱と円柱の体積の求め方を考えよう	19		39・40
10	およその面積と体積を求めよう	20		41・42
11	比例の関係をくわしく調べよう	21	❶ 比例の性質 ❷ 比例の式	43・44
		22	❸ 比例のグラフ	45・46
		23	❹ 比例の利用 ❺ 練習	47・48
		24	❻ 反比例	49・50
12	順序よく整理して調べよう	25	❶ 並べ方	51・52
		26	❷ 組み合わせ方	53・54
13	算数の学習をしあげよう	27 ～ 36	力だめし ①～⑩	55～64
	答え			65～72

きほん
1

1　つり合いのとれた図形を調べよう
❶ 線対称

／100点

1 下の図で、線対称な図形には○、線対称ではない図形には×を
つけましょう。

1つ10〔30点〕

❶

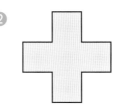

❷

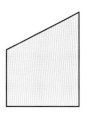

❸

（　　　　）　　　　　（　　　　）　　　　　（　　　　）

2 右の図は、直線アイを対称の軸と
する線対称な図形です。　1つ15〔45点〕

❶　点Bに対応する点はどれですか。

（　　　　　　）

❷　辺 GF に対応する辺はどれですか。

（　　　　　　）

❸　角 F の大きさは何度ですか。

（　　　　　　）

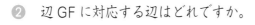

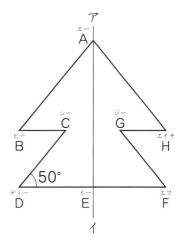

3 右の図で、直線アイが対称の
軸になるように、線対称な図形
をかきましょう。

〔25点〕

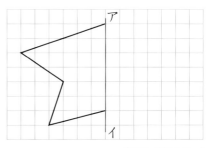

答えは
65ページ

1　つり合いのとれた図形を調べよう
❶ 線対称

／100点

 1 次の図形について、下の問題に答えましょう。　　1つ20〔40点〕

　ア　　　イ　　　ウ　　　エ

● ⑦〜㋔のうち、線対称な図形はどれですか。

（　　　　　　　）

❷ ●で答えた線対称な図形に対称の軸をすべてかきましょう。

2 右の図は、直線アイを対称の軸と
する線対称な図形です。　　1つ12〔60点〕

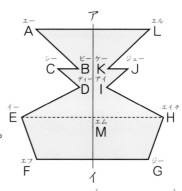

● 点Bに対応する点はどれですか。

（　　　　　　　）

❷ 辺 IH に対応する辺はどれですか。

（　　　　　　　）

❸ 角 J に対応する角はどれですか。　　　　　（　　　　　）

❹ 直線 EM と等しい長さの直線はどれですか。（　　　　　）

❺ 対称の軸と辺 FG は、どのように交わっていますか。

（　　　　　　　　　　　　）

答えは
65ページ

1　つり合いのとれた図形を調べよう

❷ 点対称

/100点

1 下の図で、点対称（てんたいしょう）な図形には○、点対称ではない図形には×を
つけましょう。

1つ10〔30点〕

❶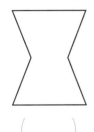

❷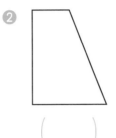

❸

（　　　　）　　　　（　　　　）　　　　（　　　　）

2 右の図は点対称な図形です。

1つ15〔45点〕

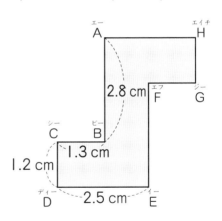

❶　点 A に対応する点はどれ
ですか。　　（　　　　　）

❷　辺 CD に対応する辺はどれ
ですか。　　（　　　　　）

❸　辺 AH は何 cm ですか。
（　　　　　）

3 右の図で、点 O（オー）が対称の中
心になるように、点対称な図形
をかきましょう。　〔25点〕

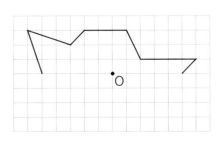

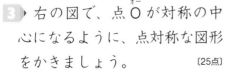

1　つり合いのとれた図形を調べよう
❷ 点対称

/100点

1 次の形について、下の問題に答えましょう。　1つ20〔40点〕

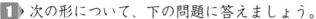
ア　イ　ウ　エ

❶　ア〜エのうち、点対称な図形はどれですか。

（　　　　　　　）

❷　❶で答えた点対称な図形に対称の中心をかきましょう。

2 右の図は、点 O を対称の中心とする点対称な図形です。　1つ10〔60点〕

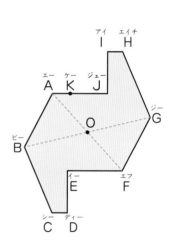

❶　点 D に対応する点はどれですか。

（　　　　　　　）

❷　辺 FG に対応する辺はどれですか。

（　　　　　　　）

❸　角 H に対応する角はどれですか。

（　　　　　　　）

❹　直線 BO と等しい長さの直線はどれですか。（　　　　　　　）

❺　直線 FO と等しい長さの直線はどれですか。（　　　　　　　）

❻　点 K に対応する点 L をかきましょう。

答えは
65ページ

月　　　日

10分

1　つり合いのとれた図形を調べよう
❸　多角形と対称

／100点

1▶ 下の図で、線対称な図形はどれですか。また、点対称な図形は
どれですか。記号で答えましょう。

1つ30〔60点〕

㋐　正三角形　　㋑　台形　　㋒　平行四辺形　　㋓　ひし形

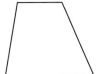

㋔　長方形　　㋕　正方形　　㋖　正五角形　　㋗　円

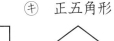

線対称（　　　　　　　　　　　　）

点対称（　　　　　　　　　　　　）

2▶ 次の図形には、対称の軸は何本ありますか。

1つ20〔40点〕

❶　長方形　　　　　　　　❷　正六角形

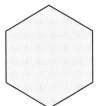

（　　　　　　　）　　　　　　　　（　　　　　　　）

1 つり合いのとれた図形を調べよう
❸ 多角形と対称

/100点

1 次の図は、正多角形です。対称の軸をかきましょう。 1つ10〔30点〕

❶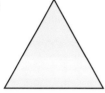

❷

❸

2 次の図は、点対称な図形です。対称の中心をかきましょう。

1つ10〔30点〕

❶

❷

❸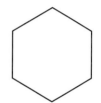

3 右の図に、直線アイが対称の軸になる
ように、線対称な図形をかきましょう。
また、かいた図形は何角形になりますか。

〔20点〕

(   )

4 右の図に、点 O が対称の中心になる
ように、点対称な図形をかきましょう。
また、かいた図形はどのような図形にな
りますか。 〔20点〕

(   )

答えは
65ページ

2　数量やその関係を式に表そう

／100点

1 次の場面で、x と y の関係を式に表しましょう。　1つ10〔20点〕

❶　1 L の牛乳があります。x L 飲みました。残りは y L です。

（　　　　　　　　　　）

❷　面積が 30 cm² の平行四辺形があります。高さが x cm のとき、底辺は y cm です。

（　　　　　　　　　　）

2 みかさんは、いちごを 4 パック買いました。　1つ16〔48点〕

❶　1 パックに入っているいちごの数を x 個として、4 パック分のいちごの個数を式に表しましょう。

（　　　　　　　　　　）

❷　いちごは全部で 32 個ありました。1 パックには何個のいちごが入っていましたか。

【式】

答え（　　　　　　　　）

3 1 本 25 円のえん筆を x 本買って、500 円玉を 1 枚出すと、おつりが y 円になりました。　1つ16〔32点〕

❶　x と y の関係を式に表しましょう。

　　　　　　　　　　　 ＝ y

❷　x の値が 8 のとき、対応する y の値を求めましょう。

（　　　　　　　　　　）

2　数量やその関係を式に表そう

/100点

1　1辺が x cm の正六角形のまわりの長さを y cm とします。

1つ20〔60点〕

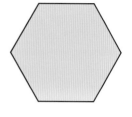

① 　x と y の関係を式に表しましょう。

（　　　　　　　　　）

② 　x の値が 6 のとき、対応する y の値を求めましょう。

（　　　　　　　）

③ 　y の値が 45 になるときの、x の値を求めましょう。

（　　　　　　　）

2　数量の関係が次の①〜④の式で表される場面を、下の⑦〜④から選んで、記号で答えましょう。

1つ10〔40点〕

① 　$30 + x = y$　　　　② 　$30 - x = y$

③ 　$30 × x = y$　　　　④ 　$30 ÷ x = y$

⑦　30 cm のテープを同じ長さずつ x 本に分けます。1本の長さは y cm です。

④　大人が 30 人、子どもが x 人います。全部で y 人います。

⑦　色紙が 30 枚あります。x 枚使うと、残りは y 枚です。

④　1個 30 円のあめを x 個買うと、代金は y 円です。

①（　　　）　②（　　　）　③（　　　）　④（　　　）

答えは
66ページ

きほん 5

3　分数をかける計算を考えよう
❶ 分数と整数のかけ算、わり算
❷ 練習

／100点

1 計算をしましょう。 1つ8〔64点〕

① $\dfrac{1}{5} \times 4$

② $\dfrac{7}{4} \times 6$

③ $\dfrac{9}{7} \times 7$

④ $\dfrac{5}{3} \times 9$

⑤ $\dfrac{1}{4} \div 2$

⑥ $\dfrac{5}{6} \div 2$

⑦ $\dfrac{9}{14} \div 3$

⑧ $\dfrac{15}{2} \div 15$

2 花だんに、1 m² あたり $\dfrac{4}{5}$ kg の肥料をまきます。3 m² の花だんでは、肥料は何 kg いりますか。 1つ9〔18点〕

【式】

答え（　　　　　　　　）

3 面積が $\dfrac{13}{4}$ m² の長方形の形をした学級園があります。この学級園の横の長さは 2 m です。縦の長さは何 m ですか。 1つ9〔18点〕

【式】

答え（　　　　　　　　）

答えは
66ページ

3　分数をかける計算を考えよう

❶ 分数と整数のかけ算、わり算

❷ 練習

／100点

1 計算をしましょう。　　　　　　　　　　　　1つ8〔64点〕

① $\dfrac{7}{2} \times 3$

② $\dfrac{5}{12} \times 6$

③ $\dfrac{4}{7} \times 21$

④ $\dfrac{7}{20} \times 120$

⑤ $\dfrac{17}{10} \div 12$

⑥ $\dfrac{11}{12} \div 22$

⑦ $\dfrac{13}{8} \div 13$

⑧ $\dfrac{26}{3} \div 14$

2 1L の重さが $\dfrac{8}{9}$ kg の油があります。この油 18L の重さは何 kg ですか。　　　　　　　　　　　　1つ9〔18点〕

【式】

答え（　　　　　　　）

3 牛乳が $\dfrac{7}{8}$ L あります。これを 4 人で同じ量ずつ分けると、1 人分は何 L になりますか。　　　　　　　　　　　　1つ9〔18点〕

【式】

答え（　　　　　　　）

答えは
66ページ

 10分

3　分数をかける計算を考えよう

❸ 分数をかける計算 ①

／100点

1▶ □にあてはまる数を書きましょう。　　　　〔12点〕

$$1\frac{1}{3}\times\frac{2}{7}=\frac{\boxed{}}{3}\times\frac{2}{7}=\frac{\boxed{}\times2}{3\times7}=\frac{\boxed{}}{\boxed{}}$$

2▶ 計算をしましょう。

1つ7〔70点〕

① $\dfrac{3}{5}\times\dfrac{3}{7}$

② $\dfrac{5}{9}\times\dfrac{4}{15}$

③ $\dfrac{5}{6}\times\dfrac{3}{10}$

④ $\dfrac{7}{8}\times\dfrac{8}{7}$

⑤ $\dfrac{1}{2}\times\dfrac{2}{3}\times\dfrac{1}{4}$

⑥ $\dfrac{2}{5}\times\dfrac{3}{4}\times\dfrac{2}{3}$

⑦ $9\times\dfrac{5}{6}$

⑧ $1\dfrac{7}{9}\times\dfrac{3}{14}$

⑨ $1\dfrac{1}{5}\times2\dfrac{1}{3}$

⑩ $2\dfrac{1}{2}\times4\times\dfrac{3}{10}$

3▶ □にあてはまる不等号を書きましょう。　　　1つ6〔18点〕

① $4\times\dfrac{4}{7}$ □ 4

② $\dfrac{2}{5}\times1\dfrac{1}{9}$ □ $\dfrac{2}{5}$

③ $\dfrac{1}{3}\times\dfrac{7}{6}$ □ $\dfrac{1}{3}$

3　分数をかける計算を考えよう

❸ 分数をかける計算 ①

/100点

1 計算をしましょう。　　　　　　　　　　　　　1つ6〔48点〕

① $\dfrac{5}{2} \times \dfrac{5}{6}$

② $\dfrac{3}{14} \times \dfrac{7}{4}$

③ $\dfrac{9}{10} \times \dfrac{8}{15}$

④ $\dfrac{5}{16} \times \dfrac{4}{15}$

⑤ $5 \times \dfrac{7}{9}$

⑥ $12 \times \dfrac{11}{6}$

⑦ $1\dfrac{2}{5} \times 1\dfrac{1}{14}$

⑧ $1\dfrac{5}{12} \times 16$

2 1m の値段が 120 円のリボンがあります。このリボンを $1\dfrac{1}{3}$ m 買いました。代金は何円ですか。　　　　　1つ8〔16点〕

【式】

答え（　　　　　　　）

3 計算をしましょう。　　　　　　　　　　　　　1つ6〔36点〕

① $\dfrac{2}{5} \times \dfrac{2}{3} \times \dfrac{4}{7}$

② $\dfrac{3}{2} \times \dfrac{7}{10} \times \dfrac{5}{6}$

③ $1\dfrac{3}{4} \times \dfrac{2}{3} \times \dfrac{2}{5}$

④ $\dfrac{1}{5} \times \dfrac{2}{3} \times 2\dfrac{1}{4}$

⑤ $2 \times 1\dfrac{2}{5} \times \dfrac{1}{7}$

⑥ $\dfrac{7}{15} \times 6 \times 2\dfrac{3}{11}$

答えは
66ページ

教科書 45〜47 ページ

月　　日

3　分数をかける計算を考えよう
❸ 分数をかける計算 ②

／100点

1 ❶、❷の図形の面積、❸の立体の体積をそれぞれ求めましょう。

❶
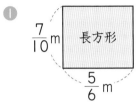
長方形　$\frac{7}{10}$ m　$\frac{5}{6}$ m

【式】

1つ6〔36点〕

答え（　　　　　　）

❷
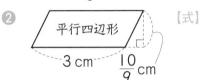
平行四辺形　3 cm　$\frac{10}{9}$ cm

【式】

答え（　　　　　　）

❸
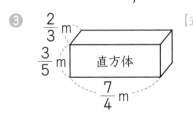
$\frac{2}{3}$ m　$\frac{3}{5}$ m　直方体　$\frac{7}{4}$ m

【式】

答え（　　　　　　）

2 計算のきまりを使って、くふうして計算しましょう。　1つ9〔36点〕

❶ $\left(\frac{6}{7} \times \frac{3}{5}\right) \times \frac{5}{3}$

❷ $\left(\frac{3}{4} + \frac{5}{8}\right) \times 16$

❸ $\frac{2}{3} \times 4 + \frac{2}{3} \times 5$

❹ $\frac{2}{5} \times \frac{1}{4} + \frac{2}{5} \times \frac{3}{4}$

3 次の数の逆数を求めましょう。　1つ7〔28点〕

❶ $\frac{2}{5}$　（　　　　）

❷ $\frac{1}{4}$　（　　　　）

❸ 9　（　　　　）

❹ 0.2　（　　　　）

3　分数をかける計算を考えよう
❸ 分数をかける計算 ②

／100点

1 縦の長さが $1\frac{2}{3}$ m、横の長さが $2\frac{1}{10}$ m の長方形の形をした学級園があります。この学級園の面積は何 m² ですか。　　1つ7〔14点〕

【式】

答え（　　　　　）

2 1辺が $\frac{3}{5}$ m の立方体の形をしたタンクがあります。このタンクの容積は何 m³ ですか。　　1つ7〔14点〕

【式】

答え（　　　　　）

3 計算のきまりを使って、くふうして計算しましょう。　　1つ8〔48点〕

① $\left(\frac{2}{5}\times\frac{3}{4}\right)\times\frac{4}{3}$　　　　② $\left(\frac{7}{15}\times\frac{9}{8}\right)\times\frac{8}{9}$

③ $\left(\frac{3}{2}+\frac{11}{4}\right)\times8$　　　　④ $\left(\frac{3}{4}+\frac{2}{3}\right)\times12$

⑤ $\frac{3}{5}\times\frac{2}{13}+\frac{3}{5}\times\frac{11}{13}$　　　　⑥ $\frac{5}{12}\times7+\frac{5}{12}\times5$

4 次の数の逆数を求めましょう。　　1つ6〔24点〕

① $\frac{6}{13}$　（　　　　　）　　② $\frac{5}{3}$　（　　　　　）

③ 1.4　（　　　　　）　　④ 0.03　（　　　　　）

答えは
66ページ

4　分数でわる計算を考えよう ①

／100点

1 □にあてはまる数を書きましょう。　〔6点〕

$$\frac{2}{7} \div 1\frac{1}{4} = \frac{2}{7} \div \frac{\boxed{}}{4} = \frac{2}{7} \times \frac{\boxed{}}{\boxed{}} = \frac{2 \times \boxed{}}{7 \times \boxed{}} = \frac{\boxed{}}{\boxed{}}$$

2 計算をしましょう。　1つ6〔24点〕

① $\dfrac{5}{6} \div \dfrac{7}{5}$

② $\dfrac{3}{7} \div \dfrac{8}{5}$

③ $\dfrac{10}{3} \div \dfrac{15}{4}$

④ $\dfrac{5}{4} \div \dfrac{15}{2}$

3 計算をしましょう。　1つ6〔36点〕

① $1\dfrac{1}{5} \div \dfrac{3}{4}$

② $\dfrac{1}{6} \div 2\dfrac{1}{3}$

③ $1\dfrac{3}{4} \div 2\dfrac{1}{3}$

④ $3 \div \dfrac{6}{7}$

⑤ $\dfrac{5}{12} \div \dfrac{3}{4} \times \dfrac{7}{10}$

⑥ $\dfrac{4}{7} \div 8 \div \dfrac{5}{6}$

4 $\dfrac{3}{7}$dL のペンキで、かべを $\dfrac{1}{3}$m² ぬれました。このペンキ1dL では、かべを何m² ぬれますか。　1つ8〔16点〕

【式】

答え（　　　　　　　　）

5 □にあてはまる不等号を書きましょう。　1つ6〔18点〕

① $5 \div \dfrac{9}{8}$ □ 5

② $\dfrac{5}{8} \div 1\dfrac{1}{4}$ □ $\dfrac{5}{8}$

③ $3 \div \dfrac{6}{7}$ □ 3

かくにん **8**

教科書 51〜58 ページ　　月　　日

4　分数でわる計算を考えよう ①

／100点

1 計算をしましょう。　　　　　　　　　　　　　1つ5〔20点〕

① $\dfrac{3}{7} \div \dfrac{2}{5}$　　　　　　② $\dfrac{3}{4} \div \dfrac{2}{3}$

③ $1\dfrac{1}{8} \div \dfrac{1}{3}$　　　　　④ $\dfrac{3}{5} \div 1\dfrac{1}{6}$

2 計算をしましょう。　　　　　　　　　　　　　1つ5〔30点〕

① $\dfrac{5}{6} \div \dfrac{2}{9}$　　　　　　② $\dfrac{4}{7} \div \dfrac{2}{5}$

③ $\dfrac{2}{3} \div \dfrac{8}{9}$　　　　　　④ $\dfrac{3}{5} \div \dfrac{9}{10}$

⑤ $1\dfrac{5}{7} \div \dfrac{9}{14}$　　　　⑥ $\dfrac{5}{12} \div 1\dfrac{9}{16}$

3 計算をしましょう。　　　　　　　　　　　　　1つ6〔36点〕

① $\dfrac{4}{9} \div \dfrac{5}{6} \times 6$　　　② $\dfrac{7}{15} \div \dfrac{8}{5} \div \dfrac{14}{3}$

③ $6 \div \dfrac{3}{4}$　　　　　　④ $4 \div \dfrac{8}{9}$

⑤ $3\dfrac{3}{5} \div 4\dfrac{1}{2}$　　　　⑥ $3\dfrac{1}{3} \div 1\dfrac{2}{3}$

4 $\dfrac{5}{12}$ m の重さが $1\dfrac{5}{8}$ kg の鉄の棒があります。この鉄の棒 1 m

の重さは何 kg ですか。　　　　　　　　　　1つ7〔14点〕

【式】

答え（　　　　　　　　）

18—東書版・算数6年

答えは
67ページ

4　分数でわる計算を考えよう ②

／100点

1 □にあてはまる数を書きましょう。　　　1つ10〔20点〕

① $0.7 \div \dfrac{6}{5} \times 2 = \dfrac{7}{\boxed{}} \times \dfrac{5}{6} \times \dfrac{2}{\boxed{}} = \dfrac{7 \times 5 \times 2}{\boxed{} \times 6 \times \boxed{}} = \boxed{}$

② $9 \times 1.5 \div \dfrac{3}{4} = \dfrac{9}{\boxed{}} \times \dfrac{15}{\boxed{}} \times \dfrac{4}{3} = \dfrac{9 \times 15 \times 4}{\boxed{} \times \boxed{} \times 3} = \boxed{}$

2 計算をしましょう。　　　1つ10〔40点〕

① $\dfrac{3}{4} \div 0.5 \div 8$

② $0.8 \times \dfrac{1}{5} \div \dfrac{4}{7}$

③ $\dfrac{3}{5} \div 2.1 \times 2$

④ $1.8 \div 2 \div 0.45$

3 1.6 m の重さが 20 g の針金（はりがね）があります。　　　1つ10〔40点〕

① この針金 $\dfrac{2}{5}$ m の重さは何 g になりますか。

【式】

答え（　　　　　　　）

② この針金 12.5 g の長さは何 m になりますか。

【式】

答え（　　　　　　　）

4　分数でわる計算を考えよう ②

/100点

1 計算をしましょう。　　　　　　　　　　　　1つ6[60点]

① $2.5 \div \dfrac{6}{5} \times 4$

② $\dfrac{2}{5} \div 0.3 \times 15$

③ $\dfrac{3}{8} \times 0.8 \div 6$

④ $\dfrac{3}{4} \times 2 \div 2.1$

⑤ $\dfrac{7}{8} \div 0.5 \div 2.1$

⑥ $\dfrac{7}{20} \div \dfrac{7}{5} \div 0.4$

⑦ $\dfrac{9}{5} \times 0.7 \div 3.6$

⑧ $0.6 \div \dfrac{5}{9} \div 0.27$

⑨ $4 \div 0.14 \times 0.2$

⑩ $1.5 \div 3 \div 0.75$

2 2.4m あるリボンを $\dfrac{1}{5}$ m ずつの長さに切りました。切ったリボンを 4 人に配ると、1 人分は何本になりますか。　　1つ10[20点]

【式】

答え（　　　　　　　）

3 2.5kg 入りの砂糖が、9 ふくろあります。この砂糖を $\dfrac{3}{4}$ kg 入る容器に入れかえます。容器は何個あればよいですか。　　1つ10[20点]

【式】

答え（　　　　　　　）

答えは
67ページ

分数の倍

／100点

1 次の問題に答えましょう。　1つ10〔60点〕

❶ $\frac{12}{5}$km の $\frac{3}{2}$ 倍は、何km ですか。

【式】

答え（　　　）

❷ $\frac{5}{4}m^2$ をもとにすると、$\frac{15}{8}m^2$ は何倍ですか。

【式】

答え（　　　）

❸ $\frac{5}{3}$L を 1 とみると、$\frac{5}{8}$L はいくつにあたりますか。

【式】

答え（　　　）

2 長さ $\frac{2}{3}$m の白いリボンと、長さ $\frac{1}{6}$m の赤いリボンがあります。赤いリボンの長さをもとにすると、白いリボンの長さは何倍ですか。　1つ10〔20点〕

【式】

答え（　　　）

3 ある組で、習い事をしている人数は 20 人です。これは、組全体の人数の $\frac{5}{9}$ にあたります。組全体の人数は何人ですか。組全体の人数を x（エックス）人として式に表し、答えを求めましょう。　1つ10〔20点〕

【式】

答え（　　　）

答えは 67ページ

教科書 66〜69 ページ

月　　日

分数の倍

/100点

1 次の問題に答えましょう。　　　　　　　　　　1つ10〔60点〕

① 4kg の $\frac{3}{8}$ 倍は、何kg ですか。

【式】

答え（　　　　　　　）

② $\frac{7}{8}$ cm をもとにすると、$\frac{3}{4}$ cm は何倍ですか。

【式】

答え（　　　　　　　）

③ $\frac{10}{3}$ m² を 1 とみると、$\frac{5}{4}$ m² はいくつにあたりますか。

【式】

答え（　　　　　　　）

2 A 町の面積は $\frac{45}{4}$ km²、B 町の面積は $\frac{27}{2}$ km² です。B 町の面積をもとにすると、A 町の面積は何倍ですか。　　　　1つ10〔20点〕

【式】

答え（　　　　　　　）

3 まりなさんは本を 84 ページ読みました。これは、この本のページ数の $\frac{3}{5}$ にあたります。この本は何ページありますか。この本のページ数を x ページとして式に表し、答えを求めましょう。

【式】　　　　　　　　　　　　　　　　　　　　1つ10〔20点〕

答え（　　　　　　　）

答えは 67ページ

5　割合の表し方を調べよう

❶ 比と比の値

／100点

1 次の比を書きましょう。　　　　　　　　　　　　　　1つ6〔12点〕

❶ 2L と 9L の比　　　　　　　　　　　　　　　　（　　　　　）

❷ 7m と 5m の比　　　　　　　　　　　　　　　（　　　　　）

2 次の比の値を求めましょう。　　　　　　　　　　　　　1つ8〔64点〕

❶ 3：4　　　　（　　　　　）　❷ 4：18　　　　（　　　　　）

❸ 6：12　　　（　　　　　）　❹ 45：30　　　（　　　　　）

❺ 24：18　　（　　　　　）　❻ 3：9　　　　（　　　　　）

❼ 25：5　　　（　　　　　）　❽ 0.5：1.5　　（　　　　　）

3 次の㋐〜㋕の比の値を求めて、等しい比の組み合わせを3つ
見つけましょう。　　　　　　　　　　　　　　　　　　1つ8〔24点〕

㋐ 20：12　　　　　　　　㋑ 8：4

㋒ 12：6　　　　　　　　㋓ 18：21

㋔ 25：15　　　　　　　㋕ 12：14

（　　と　　）（　　と　　）（　　と　　）

5　割合の表し方を調べよう

❶ 比と比の値

/100点

1 次の比の値を求めましょう。　　　　　　　　　　　1つ8〔48点〕

❶ 9：10　（　　　　）　❷ 4：5　（　　　　）

❸ 2：40　（　　　　）　❹ 45：60　（　　　　）

❺ 6：2　（　　　　）　❻ 1.6：0.4　（　　　　）

2 なつみさんは、2.5mのリボンを 0.5m使いました。使った長さと残っている長さを比で表したときの、比の値を求めましょう。　　　　　　　　　　　1つ8〔16点〕

【式】

答え（　　　　　　　　）

3 1.2Lあった牛乳を 450mL飲みました。はじめにあった量と残っている量を比で表したときの、比の値を求めましょう。

【式】　　　　　　　　　　　　　　　　　　　1つ8〔16点〕

答え（　　　　　　　　）

4 けいたさんの家は、駅と学校の間にあります。駅までは歩いて25分かかります。駅まで歩いてかかる時間をもとにすると、学校まで歩いてかかる時間の割合は 0.8 です。　　1つ10〔20点〕

❶　学校までかかる時間と駅までかかる時間の比を求めましょう。

（　　　　　　　　）

❷　❶の比の値を求めましょう。

（　　　　　　　　）

答えは 68ページ

5　割合の表し方を調べよう
❷ 等しい比の性質
❸ 比の利用

1 ▶ □にあてはまる数を書きましょう。　　　　　　1つ5〔30点〕

① $4:10=\boxed{}:5$　　　　② $3:9=\boxed{}:3$

③ $1.2:2=\boxed{}:5$　　　④ $0.6:1.4=3:\boxed{}$

⑤ $\dfrac{4}{7}:\dfrac{2}{7}=\boxed{}:1$　　　⑥ $\dfrac{3}{4}:\dfrac{1}{6}=9:\boxed{}$

2 ▶ 次の比を簡単にしましょう。　　　　　　　　1つ5〔30点〕

① $20:5$　$\Big(\Big)$　　② $40:26$　$\Big(\Big)$

③ $24:16$　$\Big(\Big)$　　④ $3.6:2.7$　$\Big(\Big)$

⑤ $1.2:0.5$　$\Big(\Big)$　　⑥ $\dfrac{4}{5}:\dfrac{3}{10}$　$\Big(\Big)$

3 ▶ 兄と弟のおこづかいの比を 5：3 にします。兄のおこづかいを 2000 円とするとき、弟のおこづかいはいくらになりますか。

【式】　　　　　　　　　　　　　　　　　　　　1つ10〔20点〕

答え$\Big(\Big)$

4 ▶ 赤と緑の色紙が 36 枚あります。赤と緑の色紙の枚数の比は 4：5 です。緑の色紙の枚数を求めましょう。　　1つ10〔20点〕

【式】

答え$\Big(\Big)$

5　割合の表し方を調べよう
❷ 等しい比の性質
❸ 比の利用

/100点

1 次の比を簡単にしましょう。　　　　　　　　1つ6〔36点〕

❶ 21：7　（　　　　　）　　❷ 18：16　（　　　　　）

❸ 2.4：0.8　（　　　　　）　　❹ 4.9：2.1　（　　　　　）

❺ $\frac{1}{3}：\frac{1}{4}$　（　　　　　）　　❻ $\frac{3}{5}：6$　（　　　　　）

2 次の式で、x の表す数を求めましょう。　　　1つ6〔24点〕

❶ $5：3＝20：x$　　　　　　❷ $15：25＝x：5$

（　　　　　）　　　　　　　　　（　　　　　）

❸ $x：8＝9：24$　　　　　　❹ $2.5：3＝5：x$

（　　　　　）　　　　　　　　　（　　　　　）

3 牛乳と紅茶を 3：10 の割合で混ぜて、ミルクティーを作ります。牛乳を 45mL 使うとき、紅茶は何mL 必要ですか。　　1つ10〔20点〕

【式】

答え（　　　　　　　）

4 3m のリボンを、姉と妹でリボンの長さの比が 3：2 になるように分けます。姉のリボンの長さは何cm ですか。　　1つ10〔20点〕

【式】

答え（　　　　　　　）

答えは
68ページ

6 形が同じで大きさがちがう図形を調べよう

❶ 拡大図と縮図

／100点

1 下の図で、㋐の四角形の拡大図、縮図になっているのはどれですか。

1つ20〔40点〕

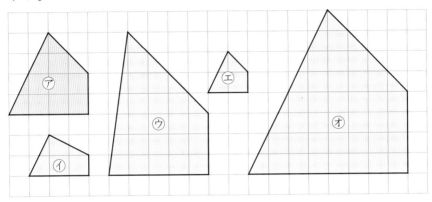

拡大図 (　　　　　)　縮図 (　　　　　)

2 右の三角形 ABC の 2 倍の拡大図、$\frac{1}{2}$ の縮図をかきましょう。

1つ30〔60点〕

❶ 2 倍の拡大図

❷ $\frac{1}{2}$ の縮図

ポイント

✏ 対応する辺の長さの比が、それぞれ等しくなるようにします。

10分

6　形が同じで大きさがちがう図形を調べよう
❶ 拡大図と縮図

/100点

1 右の三角形 DBE は、三角形
ABC の拡大図です。　　　1つ20〔60点〕

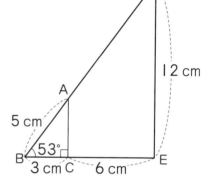

❶　辺 DB の長さは何 cm ですか。

（　　　　　　）

❷　辺 AC の長さは何 cm ですか。

（　　　　　　）

❸　角 D の大きさは何度ですか。

（　　　　　　）

2 下の四角形 ABCD の 2 倍の拡大図と、$\frac{1}{2}$ の縮図をかきましょう。

1つ20〔40点〕

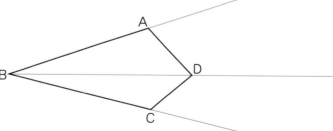

答えは
68ページ

6　形が同じで大きさがちがう図形を調べよう
❷ 縮図の利用

/100点

1 次の縮尺を分数と比で表しましょう。　1つ10〔60点〕

❶ 100m を 1cm に縮めてかいた地図

分数（　　　　　　）　比（　　　　　　）

❷ 4km を 2cm に縮めてかいた地図

分数（　　　　　　）　比（　　　　　　）

❸ 9km を 30cm に縮めてかいた地図

分数（　　　　　　）　比（　　　　　　）

2 実際の長さが 6km あるところは、次の縮尺の地図の上では、何cm になりますか。　1つ10〔20点〕

❶ $\dfrac{1}{30000}$

> **ポイント**
> 🖊 1km＝1000m
> 　　＝100000cm

（　　　　　　）

❷ 1：200000

（　　　　　　）

3 縮尺 1：2000 の地図上に台形の土地がかいてあります。その長さをはかったら、右の図のようになりました。　1つ10〔20点〕

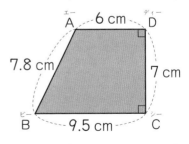

❶ AB の実際の長さは、何mですか。

（　　　　　　）

❷ この土地のまわりの実際の長さは、何mですか。

（　　　　　　）

答えは
68ページ

6　形が同じで大きさがちがう図形を調べよう
❷ 縮図の利用

／100点

1 次の縮尺を分数と比で表しましょう。　　　1つ10〔60点〕

❶　20km を 5cm に縮めてかいた地図

分数 (　　　　　　)　比 (　　　　　　)

❷　10km を 4cm に縮めてかいた地図

分数 (　　　　　　)　比 (　　　　　　)

❸　50km を 8cm に縮めてかいた地図

分数 (　　　　　　)　比 (　　　　　　)

2 縮尺が 1：50000 の地図の上で長さをはかると、次のようになりました。実際の長さは何km ですか。　　　1つ10〔20点〕

❶　3cm　　　　　　　　　　　　　(　　　　　　)

❷　0.4cm　　　　　　　　　　　　(　　　　　　)

3 下の図のような建物があります。この建物の実際の高さは何m ですか。縮図をかいて求めましょう。

〔20点〕

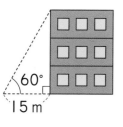

60°
15m

(　　　　　　)

答えは
68ページ

きほん 15

7 データの特ちょうを調べて判断しよう

❶ 問題の解決の進め方 ①

/100点

1▶ 下の表は、6年2組のある班の反復横とびのデータです。

反復横とびの回数(回)

1つ10〔100点〕

40	27	42	50	33	47	37	46
56	46	38	46	39	49	29	47

❶ 平均値を求めましょう。

(　　　　　　　)

反復横とびの回数

回数(回)	データの個数
20以上〜30未満	
30　〜40	
40　〜50	
50　〜60	
合　計	16

❷ 最頻値を求めましょう。

(　　　　　　　)

❸ 右の度数分布表に、度数を書きましょう。

❹ 40回以上の人は何人いますか。また、その割合は、全体の度数の合計の何％ですか。

人数(　　　　　　)　割合(　　　　　　)

❺ 回数が多いほうから数えて4番め、11番めの人は、それぞれどの階級に入りますか。

4番め(　　　　　　　)

11番め(　　　　　　　)

教科書 103〜107 ページ

月　　日

10分

7　データの特ちょうを調べて判断しよう

❶ 問題の解決の進め方 ①

／100点

1 下のドットプロットは、6年1組20人と2組20人の50m走のデータです。

1つ10〔40点〕

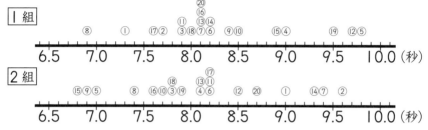

❶ 1組と2組のそれぞれで、いちばん速い記録といちばんおそい記録の差はどれだけありますか。

1組（　　　　　）　2組（　　　　　）

❷ 1組と2組のデータの最頻値をそれぞれ求めましょう。

1組（　　　　　）　2組（　　　　　）

2 右の表は、**1** の1組のデータを度数分布表に整理したものです。

1つ15〔60点〕

❶　表の⑦と⑦にあてはまる数を求めましょう。

⑦（　　　　　）　⑦（　　　　　）

❷　度数がいちばん多いのは、どの階級ですか。また、その割合は全体の度数の合計の何％ですか。

階級（　　　　　　　　　　）　割合（　　　　　）

6年1組の記録

記録（秒）	データの個数
6.0以上〜7.0未満	1
7.0　〜8.0	⑦
8.0　〜9.0	⑦
9.0　〜10.0	4
合　計	20

答えは
69ページ

7　データの特ちょうを調べて判断しよう

❶ 問題の解決の進め方 ②

❷ いろいろなグラフ

1 下の表は、けんさんのクラスの 50 点満点のテストのデータです。

1つ15〔60点〕

テストの点数(点)

45	22	35	46	28	44	36	33
49	32	29	23	36	33	32	48
33	37	24	32	29	25	43	39

❶ ヒストグラムに表しましょう。

❷ いちばん度数が多いのは、どの階級ですか。（　　　　　　　）

❸ 中央値を求めましょう。（　　　　　　　）

❹ 40 点以上の人数の割合は、何 % ですか。（　　　　　　　）

テストの点数

(人)
6
5
4
3
2
1
0
20 25 30 35 40 45 50(点)

2 右のグラフは、ある県の人口を、男女別、年れい別に表したものです。

1つ20〔40点〕

❶ いちばん人口が多い年れいの階級を答えましょう。（　　　　　　　）

❷ 70〜79 才と 0〜9 才では、どちらの人口が多いですか。（　　　　　　　）

ある県の年れい別人口

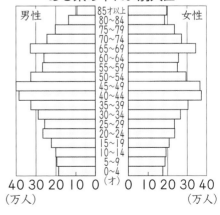

男性　　　　　　　　　　女性

85才以上
80〜84
75〜79
70〜74
65〜69
60〜64
55〜59
50〜54
45〜49
40〜44
35〜39
30〜34
25〜29
20〜24
15〜19
10〜14
5〜9
0〜4

40 30 20 10 0 (才) 0 10 20 30 40
(万人)　　　　　　　　　(万人)

7 データの特ちょうを調べて判断しよう

❶ 問題の解決の進め方 ②

❷ いろいろなグラフ

／100点

1 下の表は、たけしさんのクラスの人の1日の勉強時間を調べたものです。

1つ20〔60点〕

1日の勉強時間(分)

31	36	20	12	35	55	27	27
15	22	35	41	38	26	47	58
22	40	36	24	29	35	50	19

❶ ヒストグラムに表しましょう。

❷ 中央値を求めましょう。

(　　　　)

❸ 40分以上の人数は、全体の何%ですか。

(　　　　)

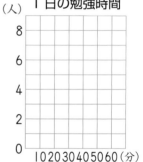

(人)　1日の勉強時間

```
8
6
4
2
0
  10 20 30 40 50 60 (分)
```

2 下の表は、1班と2班の人が1か月間に読んだ本の冊数を調べたものです。次の❶、❷の比べ方で比べたとき、冊数が多いといえるのは、どちらの班ですか。

1つ20〔40点〕

1班の本の冊数(冊)

6	3	2
4	2	5

2班の本の冊数(冊)

2	3	3
5	3	1

❶ 最頻値

❷ 中央値

(　　　　)

(　　　　)

答えは
69ページ

8　円の面積の求め方を考えよう ①

／100点

1▶ 下の図形の面積を求めましょう。　　　　1つ10〔40点〕

❶　5 cm

❷　8 cm

【式】

答え（　　　　　）

【式】

答え（　　　　　）

2▶ 下の図形の面積を求めましょう。　　　　1つ10〔40点〕

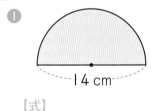

❶　14 cm

❷　6 cm

【式】

答え（　　　　　）

【式】

答え（　　　　　）

3▶ 右の図で、色をぬった部分の面積を求め
ましょう。　　　　1つ10〔20点〕

【式】

答え（　　　　　）

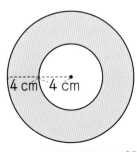

4 cm　4 cm

答えは
69ページ

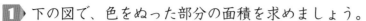

1 下の図で、色をぬった部分の面積を求めましょう。　　1つ8〔64点〕

❶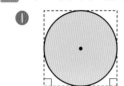
6 cm

【式】

答え（　　　　　　　）

❷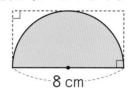
8 cm

【式】

答え（　　　　　　　）

❸
12 cm

【式】

答え（　　　　　　　）

❹
2 cm

【式】

答え（　　　　　　　）

2 下の図で、色をぬった部分の面積を求めましょう。　　1つ9〔36点〕

❶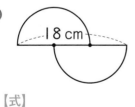
18 cm

【式】

答え（　　　　　　　）

❷
2 cm

【式】

答え（　　　　　　　）

答えは
69ページ

8 円の面積の求め方を考えよう ②

／100点

1 下の図で、色をぬった部分の面積を求めましょう。　1つ8〔64点〕

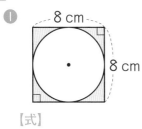

❶ 8 cm / 8 cm

【式】

答え（　　　　　　）

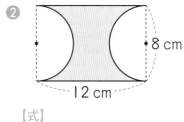

❷ 8 cm / 12 cm

【式】

答え（　　　　　　）

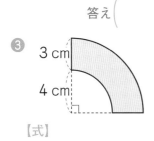

❸ 3 cm / 4 cm

【式】

答え（　　　　　　）

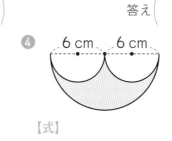

❹ 6 cm　6 cm

【式】

答え（　　　　　　）

2 下の図で、色をぬった部分の面積を求めましょう。　1つ9〔36点〕

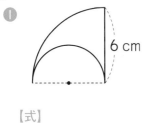

❶ 6 cm

【式】

答え（　　　　　　）

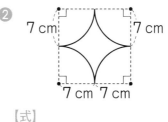

❷ 7 cm　7 cm / 7 cm　7 cm

【式】

答え（　　　　　　）

答えは
69ページ

8　円の面積の求め方を考えよう ②

/100点

10分

1 下の図で、色をぬった部分の面積を求めましょう。

1つ8〔64点〕

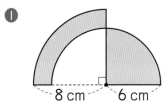

❶

8 cm　6 cm

【式】

答え（　　　　　）

❷

5 cm

5 cm

【式】

答え（　　　　　）

❸

12 cm

【式】

答え（　　　　　）

❹

4 cm　8 cm

【式】

答え（　　　　　）

2 下の図で、色をぬった部分の面積を求めましょう。

1つ9〔36点〕

❶

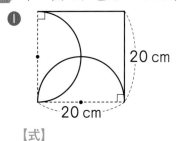

20 cm

20 cm

【式】

答え（　　　　　）

❷

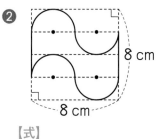

8 cm

8 cm

【式】

答え（　　　　　）

答えは
70ページ

9　角柱と円柱の体積の求め方を考えよう

／100点

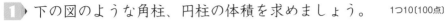

1 下の図のような角柱、円柱の体積を求めましょう。　1つ10〔100点〕

①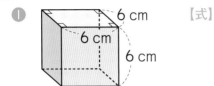

6 cm　6 cm　6 cm

【式】

答え（　　　　　）

②

6 cm　3 cm　8 cm

【式】

答え（　　　　　）

③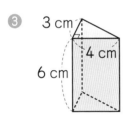

3 cm　4 cm　6 cm

【式】

答え（　　　　　）

④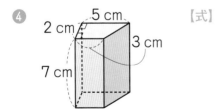

5 cm　2 cm　3 cm　7 cm

【式】

答え（　　　　　）

⑤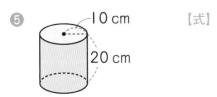

10 cm　20 cm

【式】

答え（　　　　　）

答えは **70**ページ

9　角柱と円柱の体積の求め方を考えよう

／100点

1 ▶ 右の図の三角柱の体積は **56 cm³** です。
この三角柱の高さを求めましょう。　1つ10〔20点〕

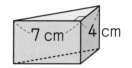

7 cm　4 cm

【式】

答え（　　　　　　　　）

2 ▶ 下の図のような立体の体積を求めましょう。　1つ10〔80点〕

① 3 cm　4 cm
6 cm　6 cm

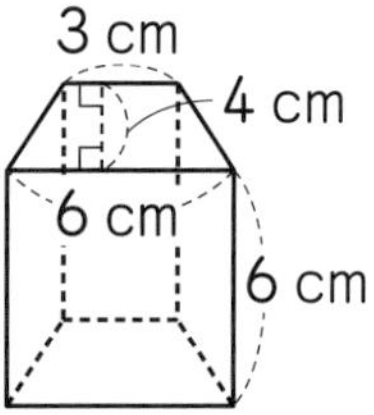

【式】

答え（　　　　　　　　）

② 6 cm
10 cm

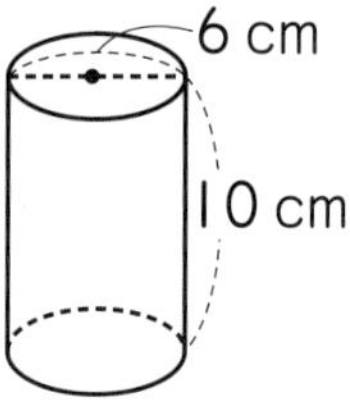

【式】

答え（　　　　　　　　）

③ 4 cm
5 cm

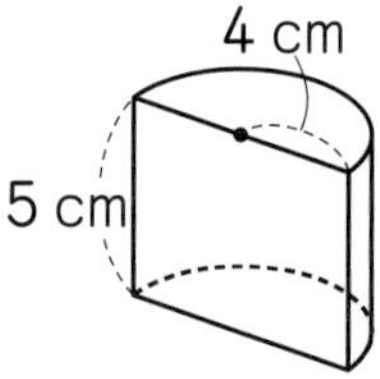

【式】

答え（　　　　　　　　）

④ 8 cm
6 cm　2 cm
4 cm
8 cm

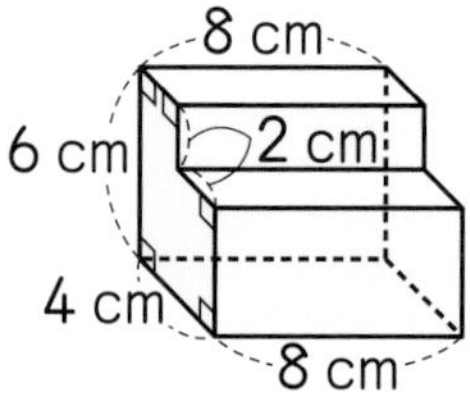

【式】

答え（　　　　　　　　）

答えは
70ページ

10　およその面積と体積を求めよう

／100点

1 右の図のような形をした島があります。この島の面積はおよそ何km² ですか。この島を台形とみて求めましょう。

1つ20〔40点〕

【式】

答え（　　　　　　）

2 右の図は、琵琶湖のおよその形を表したものです。

1つ10〔30点〕

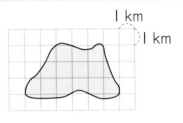

❶　琵琶湖はおよそどんな形とみることができますか。（　　　　　　）

❷　琵琶湖のおよその面積を求めましょう。

【式】

答え（　　　　　　）

3 右の図は、北海道のおよその形を表したものです。

1つ10〔30点〕

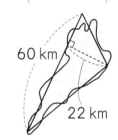

❶　北海道はおよそどんな形とみることができますか。（　　　　　　）

❷　北海道のおよその面積を求めましょう。

【式】

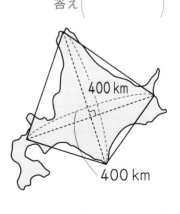

答え（　　　　　　）

教科書 142〜144 ページ

月　　日

10　およその面積と体積を求めよう

/100点

1 右の図は、鹿児島県の屋久島と種子島のおよその形を表したものです。

1つ10〔40点〕

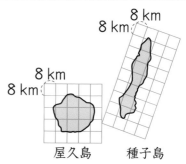

8 km
8 km
種子島

8 km
8 km
屋久島

❶　屋久島を円とみて、およその面積を求めましょう。

【式】

答え（　　　　　　）

❷　種子島を長方形とみて、およその面積を求めましょう。

【式】

答え（　　　　　　）

2 およその体積や容積を求めましょう。

1つ15〔60点〕

❶　クッキーの箱　　【式】

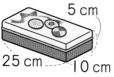

5 cm
25 cm
10 cm

答え（　　　　　　）

❷　水とう　　　　【式】

3 cm
20 cm

答え（　　　　　　）

答えは
70ページ

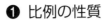

月　　日

きほん 21

11　比例の関係をくわしく調べよう

❶ 比例の性質

❷ 比例の式

/100点

1 下の表で、y が x に比例するものには○、比例しないものには×をつけましょう。

1つ10〔40点〕

❶
x（分）	1	2	3	4	5
y（L）	3	6	9	12	15

（　　　）

❷
x（cm）	2	4	6	8	10
y（cm）	10	15	20	25	30

（　　　）

❸
x（cm）	4	5	8	13	20
y（g）	20	25	40	65	100

（　　　）

❹
x（分）	0.6	0.8	1	1.2	1.4
y（cm）	3	4	5	6	7

（　　　）

2 平行四辺形の高さを決めておいて、底辺の長さ x cm を変えていったときの面積 y cm² は下の表のようになり、比例の関係になります。

1つ10〔60点〕

底辺 x（cm）	2	3	4	5	6	⑰	8	㋓
面積 y（cm²）	4	6	㋐	㋑	12	14	16	18

❶　x の値でそれに対応する y の値をわった商はいくつですか。

（　　　　　　）

❷　y を x の式で表しましょう。

（　　　　　　）

❸　㋐、㋑、⑰、㋓にあてはまる数を求めましょう。

㋐（　　　）　㋑（　　　）　⑰（　　　）　㋓（　　　）

答えは
70ページ

11　比例の関係をくわしく調べよう

❶ 比例の性質
❷ 比例の式

1 次の2つの量が比例するものには○、比例しないものには×をつけましょう。

1つ10〔40点〕

❶　正方形の1辺の長さと面積　　　　　　（　　　　　）

❷　同じ種類のジュースの体積とその重さ　（　　　　　）

❸　正三角形の1辺の長さとまわりの長さ　（　　　　　）

❹　円の半径と面積　　　　　　　　　　　（　　　　　）

2 下の表は、ある入れ物に入れた水の量 x L と水の深さ y cm を表したものです。

1つ10〔60点〕

水の量　　x(L)	2	3	5	6	9	10	12
水の深さ y(cm)	8	12	20	24	36	40	48

❶　水の深さ $y$cm は水の量 xL に比例していますか。

（　　　　　　　　　　　　　）

❷　y を x の式で表しましょう。　（　　　　　　　　　）

❸　入っている水の量が16Lのとき、水の深さは何cmですか。

【式】

答え（　　　　　　　　）

❹　水の量が15Lのときの水の深さは、水の量が10Lのときの水の深さの何倍ですか。

【式】

答え（　　　　　　　　）

答えは
70ページ

11　比例の関係をくわしく調べよう
❸ 比例のグラフ

/100点

1 水道のじゃ口から1分間に2Lずつ水が出ています。下の表は、時間と水の量の関係を表したものです。

1つ14〔70点〕

時間　x(分)	2	4	6
水の量 y(L)	㋐	㋑	㋒

❶ ㋐、㋑、㋒にあてはまる数を求めましょう。

㋐(　　　)　　㋑(　　　)　　㋒(　　　)

❷ xとyの関係を表すグラフを右の図にかきましょう。

❸ 8分間に出る水の量は何Lですか。

(　　　　　)

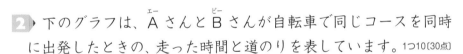

2 下のグラフは、Aさんと Bさんが自転車で同じコースを同時に出発したときの、走った時間と道のりを表しています。1つ10〔30点〕

❶ Bさんが4分間に走った道のりは、何mですか。

(　　　　　)

❷ Aさんが1600m走るのにかかった時間は何分ですか。

(　　　　　)

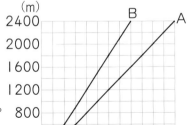

❸ 出発してから6分後に、AさんとBさんは何mはなれていますか。

(　　　　　)

答えは
70ページ

11　比例の関係をくわしく調べよう
❸ 比例のグラフ

 /100点

1 右のグラフは、ある自動車の走った時間 x 分と道のり y km を表したものです。　1つ10〔30点〕

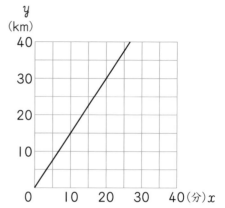

❶　10分間で何km走りましたか。（　　　　）

❷　30km走るのに、何分かかりますか。（　　　　）

❸　このまま同じ速さで走ったとすると、40分間に何km走りますか。（　　　　）

2 右のグラフは、自動車3台の使ったガソリンと走った道のりを表したものです。　1つ10〔70点〕

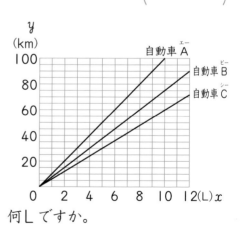

❶　1Lのガソリンで走る道のりがいちばん長い自動車はどれですか。（　　　　）

❷　自動車A、B、Cが60km走るのに必要なガソリンは、何Lですか。

A（　　　　）　B（　　　　）　C（　　　　）

❸　自動車A、B、Cが10Lのガソリンで走る道のりは、何kmですか。　A（　　　　）　B（　　　　）　C（　　　　）

答えは
71ページ

11　比例の関係をくわしく調べよう

❹ 比例の利用

❺ 練習

／100点

1 卵 2kg の代金は 680 円です。この卵 5kg の代金は何円ですか。

1つ10〔20点〕

【式】

答え（　　　　　　）

2 同じ種類のくぎがあります。全体の重さは 375g です。このくぎ 10本の重さは 25g です。全体のくぎは何本ですか。

1つ10〔20点〕

【式】

答え（　　　　　　）

3 リボンを 3m 買ったら代金が 450 円でした。　　　1つ7〔28点〕

❶　このリボン 7m の代金は何円ですか。

【式】

答え（　　　　　　）

❷　990 円では、このリボンが何m 買えますか。

【式】

答え（　　　　　　）

4 20 分間に 16km 進む自動車があります。　　　1つ8〔32点〕

❶　この自動車は 1 時間に何km 進みますか。

【式】

答え（　　　　　　）

❷　この自動車は 36km 進むのに何分かかりますか。

【式】

答え（　　　　　　）

11　比例の関係をくわしく調べよう

❹ 比例の利用

❺ 練習

/100点

1 3dL の重さが 285g の油があります。この油 8.5dL の重さは何 g ですか。

1つ10〔20点〕

【式】

答え（　　　　　　　）

2 同じメダルが何個かあって、全体の重さは 450g です。このメダルの中から 8 個を取り出してその重さをはかったら 30g でした。このメダルは全部で何個ありますか。

1つ10〔20点〕

【式】

答え（　　　　　　　）

3 ねん土で自動車の形を作り、その重さをはかったら 450g でした。これと同じねん土で 1 辺が 2cm の立方体を作り、その重さをはかったら 12g でした。この自動車の体積は何 cm³ ですか。

1つ15〔30点〕

【式】

答え（　　　　　　　）

4 かげの長さは、ものの高さに比例します。校庭の木のかげの長さをはかったら 4.2m でした。このとき、垂直に立てた 1m の棒のかげの長さは 0.6m でした。木の高さは何 m ですか。

1つ15〔30点〕

【式】

4.2 m

1 m

0.6 m

答え（　　　　　　　）

答えは
71ページ

きほん
24

11　比例の関係をくわしく調べよう
❻ 反比例

月　　日

10分

／100点

1　下の表は、ある決まった面積の長方形の縦の長さと横の長さの
変わり方を表したものです。　　　　　　　　　　　　1つ12〔60点〕

縦 x (cm)	1	2	3	4	5	6	10	④
横 y (cm)	60	30	20	⑦	12	10	6	5

❶　横の長さ y cm は縦の長さ x cm に
反比例していますか。　　　　　　　　（　　　　　　　）

❷　y を x の式で表しましょう。　　　　（　　　　　　　）

❸　⑦、④にあてはまる数を求めま
しょう。　　　　　　　　　　　⑦（　　　　）　④（　　　　）

❹　x の値が 1.5 のときの y の値を求めましょう。（　　　　　　　）

2　下の表は、自動車で A 町から B 町まで行くときの、時速とか
かる時間を表したものです。　　　　　　　　　　　　1つ8〔40点〕

時速　　　　x (km)	10	20	30	40	50	60
かかる時間 y（時間）	15	7.5	5	3.75	3	2.5

❶　時速 x の値と、かかる時間 y の値の積は何を表していますか。
また、いくつですか。　　　　（　　　　　　　）（　　　　　　　）

❷　y を x の式で表しましょう。　　　（　　　　　　　）

❸　自動車の時速を 25 km にすると、A 町から B 町までかかる
時間はどれだけになりますか。

【式】

答え（　　　　　　　）

11　比例の関係をくわしく調べよう

❻ 反比例

／100点

1 次の 2 つの量が反比例するものには○、反比例しないものには×をつけましょう。　　　　　　　　　　　　1つ10〔40点〕

❶　時速 4km で歩く人の歩く時間と進むきょり　（　　　　　）

❷　ろうそくを燃やしたときの時間と残りの長さ　（　　　　　）

❸　120km の道のりを自動車で行くときの時速とかかる時間　（　　　　　）

❹　面積が 30cm² の平行四辺形の底辺の長さと高さ　（　　　　　）

2 直方体の形をした水そうに水を入れます。下の表は、1分間に入れる水の量 x L と水そうをいっぱいにするのにかかる時間 y 分を表したものです。　　　　　　　　　　　1つ10〔60点〕

1分間に入れる水の量 x（L）	2	4	8	10	㋤
かかる時間　　　y（分）	㋐	㋑	㋒	3.2	2

❶　㋐、㋑、㋒、㋤にあてはまる数を求めましょう。

㋐（　　　　）　㋑（　　　　）　㋒（　　　　）　㋤（　　　　）

❷　水そうには全部で何 L の水が入りますか。

（　　　　　　　）

❸　y を x の式で表しましょう。

（　　　　　　　）

答えは 71ページ

12　順序よく整理して調べよう
❶ 並べ方

／100点

1 ▶ A、B、C の 3 人でリレーのチームを作り、1 人 1 回ずつ走ります。走る順序は、全部で何通りありますか。　〔20点〕

（　　　　　）

2 ▶ 1、3、5 の 3 枚のカードのうちの 2 枚を選んで、2 けたの整数をつくります。　1つ10〔60点〕

　❶　次のとき、2 けたの整数は何通りできますか。

　　㋐　十の位が 1 のとき　　　　（　　　　　）

　　㋑　十の位が 3 のとき　　　　（　　　　　）

　　㋒　十の位が 5 のとき　　　　（　　　　　）

　❷　2 けたの整数は、全部で何通りできますか。（　　　　　）

　❸　5 の倍数は、何通りできますか。　（　　　　　）

　❹　3 の倍数は、何通りできますか。　（　　　　　）

3 ▶ 1 枚のコインを続けて 3 回投げます。　1つ10〔20点〕
　❶　表と裏の出方は、全部で何通りありますか。

（　　　　　）

　❷　裏が 2 回出る出方は、何通りありますか。

（　　　　　）

12　順序よく整理して調べよう
❶ 並べ方

1 A、B、C、D の 4 人が縦に 1 列に並びます。　　　1つ20〔40点〕

❶　A が先頭にくる並び方は、何通りありますか。

（　　　　　　）

❷　B、C、D も同じように先頭にくる並び方を考えると、全部で何通りの並び方がありますか。

（　　　　　　）

2 1、2、3、4 の 4 枚のカードがあります。　　　1つ12〔60点〕

❶　この 4 枚のカードのうち、2 枚を使って 2 けたの整数をつくると、偶数は何通りできますか。

（　　　　　　）

❷　この 4 枚のカードのうち、3 枚を使って 3 けたの整数をつくると、整数は何通りできますか。

（　　　　　　）

❸　❷でできた 3 けたの整数のうち、奇数は何通りできますか。

（　　　　　　）

❹　この 4 枚のカードを全部使って 4 けたの整数をつくると、整数は何通りできますか。

（　　　　　　）

❺　❹でできた 4 けたの整数のうち、偶数は何通りできますか。

（　　　　　　）

答えは
71ページ

12　順序よく整理して調べよう
❷ 組み合わせ方

/100点

1 ▶ 赤、青、黄の 3 つのボールがあります。このうち 2 つを取る
とき、取り方は全部で何通りありますか。　　　　　　　　〔20点〕

（　　　　　　　）

2 ▶ A、B、C、D の 4 つのチームで、テニスの試合をします。ど
のチームも、ちがったチームと 1 回ずつ試合をするとき、対戦
は全部で何通りありますか。　　　　　　　　　　　　　〔20点〕

（　　　　　　　）

3 ▶ オレンジ、ぶどう、メロン、りんご、バナナの 5 つのジュー
スのうち、ちがう種類の 2 つを選んで混ぜてミックスジュース
にします。全部で何通りの混ぜ方がありますか。　　　　〔20点〕

（　　　　　　　）

4 ▶ 5 円、10 円、50 円、100 円のコインが 1 枚ずつあります。
このうち 2 枚を組み合わせてできる金額は全部で何通りありま
すか。　　　　　　　　　　　　　　　　　　　　　　　〔20点〕

（　　　　　　　）

5 ▶ なつきさんのチームは 5 人います。このうち、テニスの選手
を 2 人選びます。選び方は全部で何通りありますか。　　〔20点〕

（　　　　　　　）

12 順序よく整理して調べよう
❷ 組み合わせ方

/100点

1 バナナ、メロン、りんご、もものうち、3つをかごに入れたいと思います。全部で何通りの入れ方がありますか。 〔20点〕

(   )

2 赤、青、黄、緑、黒の5つのボールがあります。このうち3つを取るとき、取り方は全部で何通りありますか。 〔20点〕

(   )

3 A、B、C、D、Eの5つのチームで、サッカーの試合をします。どのチームも、ちがったチームと1回ずつ試合をするとき、対戦は全部で何通りありますか。 〔20点〕

(   )

4 おかし3種類、飲み物2種類の中から、おかし1種類、飲み物1種類を選びます。選び方は全部で何通りありますか。 〔20点〕

(   )

5 1、2、3、4の4枚のカードがあります。この4枚のカードから、3枚を選んで和を求めます。和は、全部で何通りありますか。 〔20点〕

(   )

答えは
71ページ

月　　日

10分

/100点

13　算数の学習をしあげよう
力だめし ①　❶ 数と計算 ①

1 次の数を書きましょう。　　　　　　　　　　　　　　1つ9〔36点〕

❶ 1億を5個、10万を7個、1万を4個あわせた数。

（　　　　　　　　　）

❷ 2630000 は、1000 を何個集めた数ですか。

（　　　　　　　　　）

❸ 80万を1000倍した数。　　　　（　　　　　　　　　）

❹ 52億を $\frac{1}{100}$ にした数。　　　（　　　　　　　　　）

2 次の数を書きましょう。　　　　　　　　　　　　　　1つ8〔24点〕

❶ 0.01 を 369 個集めた数。　　　（　　　　　　　　　）

❷ 17.5 を $\frac{1}{100}$ にした数。　　　（　　　　　　　　　）

❸ 8 は、$\frac{1}{10}$ を何個集めた数ですか。　（　　　　　　　　　）

3 分数は小数で、小数は分数で表しましょう。　　　　　1つ10〔40点〕

❶ $\frac{1}{4}$　　（　　　　　　　）　❷ $\frac{7}{5}$　　（　　　　　　　）

❸ 0.15　　（　　　　　　　）　❹ 1.08　　（　　　　　　　）

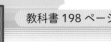

月　　日

10分

13　算数の学習をしあげよう

力だめし ②　❶ 数と計算 ②

／100点

---

1 計算をしましょう。

1つ6〔48点〕

① $2.9 + 3.1$

② $72.5 + 8.09$

③ $6.28 - 4.3$

④ $9.31 - 2.714$

⑤ $\dfrac{2}{5} + \dfrac{1}{3}$

⑥ $\dfrac{3}{2} - \dfrac{5}{6}$

⑦ $1\dfrac{2}{9} + 2\dfrac{1}{6}$

⑧ $3\dfrac{1}{12} - 1\dfrac{5}{6}$

2 計算をしましょう。

1つ7〔42点〕

① $288 + 356 + 44$

② $760 - (400 - 140)$

③ $5.9 + 3.28 + 6.1$

④ $95.3 - (5.2 + 4.8)$

⑤ $\dfrac{7}{4} - \left(\dfrac{5}{6} + \dfrac{1}{2}\right)$

⑥ $3\dfrac{1}{6} - \left(1\dfrac{1}{2} - \dfrac{2}{15}\right)$

3 えん筆が x 本あります。6 人に 5 本ずつ配ったら、えん筆は 4 本あまりました。このときの数量の関係を、文章のとおりに x を使った式に表しましょう。

〔10点〕

（　　　　　　　　　　　）

答えは
71ページ

13　算数の学習をしあげよう
力だめし ③　❶ 数と計算 ③

／100点

1 計算をしましょう。　　　　　　　　　　　　　1つ6〔72点〕

① 318×264　　　　　② $920 \div 23$

③ 7.5×8　　　　　　④ 0.14×3.5

⑤ $9.2 \div 4$　　　　　　⑥ $5.4 \div 0.15$

⑦ $\dfrac{3}{4} \times 8$　　　　　　⑧ $\dfrac{5}{6} \times \dfrac{9}{10}$

⑨ $\dfrac{6}{7} \div \dfrac{3}{14}$　　　　　⑩ $1\dfrac{3}{4} \div 2\dfrac{3}{16}$

⑪ $\dfrac{1}{2} \div 0.25 \times 4$　　　⑫ $12 - 3.6 \times \dfrac{1}{4} \div 0.3$

2 くふうして計算しましょう。　　　　　　　　　1つ8〔16点〕

① $3.6 \times 8 + 2.4 \times 8$　　② 999×4

3 2km の道のりを、分速 x m で歩いたら 25 分かかりました。
このときの数量の関係を、文章のとおりに x を使った式に表し
ましょう。　　　　　　　　　　　　　　　　　　　　　〔12点〕

（　　　　　　　　　　　　）

答えは
72ページ

かくにん **30**

13　算数の学習をしあげよう
力だめし④　❶ 数と計算④

／100点

1 次の数は偶数ですか、奇数ですか。　　　　　　　1つ7〔28点〕

❶ 38　　　　　　　　　　　❷ 67

（　　　　　）　　　　　　　　　　（　　　　　）

❸ 205　　　　　　　　　　❹ 1110

（　　　　　）　　　　　　　　　　（　　　　　）

2 （　）の中の数の、最小公倍数を求めましょう。　　1つ8〔24点〕

❶ （5、9）　　　　❷ （8、12）　　　　❸ （15、20）

（　　　　）　　　（　　　　）　　　（　　　　）

3 （　）の中の数の、最大公約数を求めましょう。　　1つ8〔24点〕

❶ （3、7）　　　　❷ （12、28）　　　　❸ （18、36）

（　　　　）　　　（　　　　）　　　（　　　　）

4 四捨五入して、（　）の中の位までのがい数にしましょう。

1つ8〔16点〕

❶ 19271 （千の位）　　　❷ 29345 （一万の位）

（　　　　　）　　　　　　　　（　　　　　）

5 四捨五入して、百の位までのがい数にすると、7300 になる整数のはんいを、「以上」、「未満」ということばを使って表しましょう。

〔8点〕

（　　　　　　　　　　　）

答えは
72ページ

13　算数の学習をしあげよう

力だめし ⑤　❷ 図形 ①

/100点

1 次の四角形について、下の問題に答えましょう。　　1つ10[30点]

⑦　平行四辺形　　⑦　長方形　　⑦　ひし形　　⑰　正方形

❶ 2 本の対角線の長さが等しいのはどれですか。（　　　）

❷ 2 本の対角線が垂直であるのはどれですか。（　　　）

❸ 4 つの辺の長さがすべて等しいのはどれですか。

（　　　）

2 次の図形で、線対称な図形、点対称な図形は、それぞれどれですか。記号で答えましょう。　　1つ14[28点]

⑦ 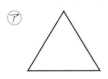　　⑦ 　　⑦ 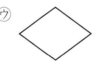　　⑰

正三角形　　　　　正六角形　　　　　ひし形　　　　　平行四辺形

線対称（　　　　　　　）　点対称（　　　　　　　）

3 次の図で、あ〜うの角度は、それぞれ何度ですか。　　1つ14[42点]

❶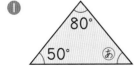
　❷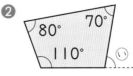
　❸

正六角形

（　　　　）　　　（　　　　）　　　（　　　　）

13　算数の学習をしあげよう

力だめし ⑥　❷ 図形 ②

/100点

1 次の図形の面積を求めましょう。

1つ14〔70点〕

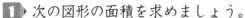

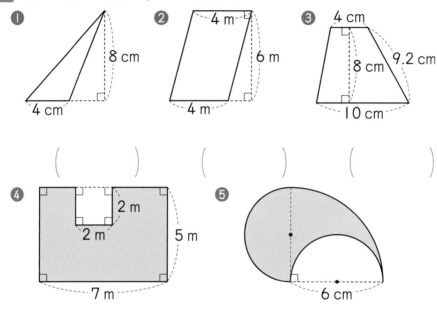

① 8 cm　4 cm
② 4 m　6 m　4 m
③ 4 cm　8 cm　9.2 cm　10 cm

(　　　　　)　(　　　　　)　(　　　　　)

④ 2 m　2 m　5 m　7 m
⑤ 6 cm

(　　　　　)　(　　　　　)

2 次の立体の体積を求めましょう。

1つ10〔30点〕

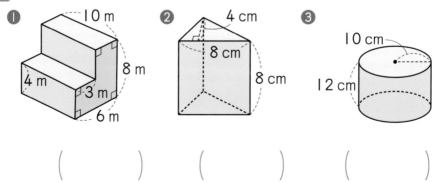

① 10 m　8 m　4 m　3 m　6 m
② 4 cm　8 cm　8 cm
③ 10 cm　12 cm

(　　　　　)　(　　　　　)　(　　　　　)

答えは
72ページ

13　算数の学習をしあげよう

力だめし ⑦　❸ 測定
　　　　　　　❹ 変化と関係 ①

／100点

1 ▶ □にあてはまる単位を書きましょう。　　　　1つ4〔8点〕

❶　スカイツリーの高さは 634 □ です。

❷　精肉店では、ふつう 100 □ あたりの価格で値段を決めます。

2 ▶ 次の量を（　）の中の単位で表しましょう。　　　1つ5〔50点〕

❶　3km（　　　　m）　❷　200cm（　　　　m）

❸　5m²（　　　　cm²）　❹　30000m²（　　　　km²）

❺　1.5kg（　　　　g）　❻　250kg（　　　　t）

❼　7m³（　　　　cm³）　❽　12000cm³（　　　　L）

❾　3L（　　　　mL）　❿　60dL（　　　　L）

3 ▶ 次の 2 つの数量について、y を x の式で表しましょう。また、比例するときは○、反比例するときは×と書きましょう。

❶　正方形の 1 辺の長さ x cm とまわりの長さ y cm　　　1つ7〔42点〕

（　　　　　　　　、　　　　）

❷　面積が 80m² の長方形の縦の長さ x m と横の長さ y m

（　　　　　　　　、　　　　）

❸　1m の重さが 350g の針金の長さ x m と重さ y g

（　　　　　　　　、　　　　）

かくにん **34** 10分

13　算数の学習をしあげよう

力だめし ⑧　❹ 変化と関係 ②

/100点

1 50 個あるりんごの重さをはかったら 15kg ありました。

1つ10〔20点〕

❶　りんご 1 個の重さは、平均何 g ですか。　（　　　　　）

❷　このりんご 200 個の重さは、何 kg になると考えられますか。

（　　　　　）

2 3 分間で 210m 歩く人がいます。　　　　1つ10〔20点〕

❶　歩く速さは、分速何 m ですか。　（　　　　　）

❷　1.4km 歩くのにかかる時間は、何分ですか。（　　　　　）

3 次の小数で表した割合を、百分率で表しましょう。　1つ7〔28点〕

❶　0.08　　　❷　0.2　　　❸　1.03　　　❹　1.4

（　　　　）（　　　　）（　　　　）（　　　　）

4 □にあてはまる数を書きましょう。　1つ8〔32点〕

❶　200 人の 4％ は ▢ 人です。

❷　150L は、600L の ▢ ％ です。

❸　▢ g の 120％ は 480g です。

❹　1800 円の 15％ びきの値段は ▢ 円です。

答えは
72ページ

13　算数の学習をしあげよう

力だめし ⑨　❺ データの活用

/100点

1 次の目的には、㋐棒グラフ、㋑折れ線グラフ、㋒円グラフ、㋓ヒストグラムのどのグラフを使うとよいですか。記号で答えましょう。

1つ7[28点]

❶　全体に対する割合を見る。

❷　全体のちらばりの様子を見る。

❸　ものの量を比べる。

❹　変化の様子を調べる。

❶（　　　　　）　❷（　　　　　）

❸（　　　　　）　❹（　　　　　）

2 下の表は、1組と2組の 100m 走の記録です。

1つ9[72点]

1組の 100m 走の記録（秒）

| 16 | 20 | 18 | 15 | 17 | 16 | 19 | 17 | 21 | 18 | 16 |
| 17 | 19 | 16 | 20 | 17 | 20 | 17 | 19 | 17 | 18 | 18 |

2組の 100m 走の記録（秒）

| 18 | 20 | 15 | 17 | 18 | 16 | 18 | 19 | 17 | 17 | 20 |
| 16 | 16 | 21 | 18 | 19 | 17 | 21 | 18 | 15 | 20 | 18 |

❶　1組、2組の平均値をそれぞれ小数第二位を四捨五入して求めましょう。

1組（　　　　　）　2組（　　　　　）

❷　1組、2組の最頻値をそれぞれ求めましょう。

1組（　　　　　）　2組（　　　　　）

❸　1組、2組の中央値をそれぞれ求めましょう。

1組（　　　　　）　2組（　　　　　）

❹　1組、2組で、速いほうから数えて5番目の人の記録をそれぞれ答えましょう。

1組（　　　　　）　2組（　　　　　）

答えは 72ページ

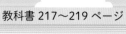

13　算数の学習をしあげよう
力だめし ⑩　❻ 考える方法や表現

/100点

1 右の図のように、１辺に同じ個数のご石を並べて正方形の形をつくります。　1つ10〔50点〕

○○○○○
○　　　○
○　　　○
○　　　○
○○○○○

❶ １辺に並べるご石の数を x 個、全体のご石の数を y 個として、下の表のア、イにあてはまる数を書きましょう。

ア(　　　　)

１辺のご石の数 x（個）	2	3	4	5
全体のご石の数 y（個）	4	ア	イ	16

イ(　　　　)

❷ １辺のご石の数 x と全体のご石の数 y の関係を式に表しましょう。

(　　　　　　　　)

❸ １辺のご石の数 x が 10 のときの全体のご石の数 y を求めましょう。

(　　　　　　　　)

❹ 全体のご石の数 y が 100 のときの１辺のご石の数 x を求めましょう。

(　　　　　　　　)

2 数をあるきまりにしたがって、次のように並べました。

❶ ア、イにあてはまる数を書きましょう。　1つ10〔50点〕

1、5、9、 ア 、 イ 、21、……

ア(　　　) イ(　　　)

❷ 21 の次にくる数はいくつですか。

(　　　　)

❸ 左から x 番めの数を y として、x と y の関係を式に表しましょう。

(　　　　　　　)

❹ 左から 12 番めの数を求めましょう。

(　　　　)

答えは
72ページ

答え

1 3・4ページ

1 ① ○   ② ○   ③ ×

2 ① 点H   ② 辺CD   ③ 50°

3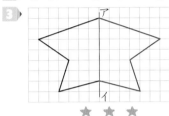

★ ★ ★

1 ① ⑦、⑦、⑦

②

2 ① 点K   ② 辺DE
③ 角C   ④ 直線HM
⑤ 垂直に交わっている

2 5・6ページ

1 ① ○   ② ×   ③ ○

2 ① 点E   ② 辺GH   ③ 2.5cm

3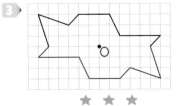

★ ★ ★

1 ① ⑦、⑦

2 ① 点I   ② 辺AB
③ 角C   ④ 直線GO
⑤ 直線AO   ⑥

3 7・8ページ

1 線対称…⑦、⑦、⑦、⑦、⑦、⑦
点対称…⑦、⑦、⑦、⑦、⑦

2 ① 2本   ② 6本

★ ★ ★

1 ① ② ③

2 ① ② ③

3 八角形

4 平行四辺形

1 ❶ $1-x=y$　❷ $30\div x=y$

2 ❶ $x\times4$（個）　❷ $x\times4=32$

　　$x=32\div4=8$　　　　8個

3 ❶ $500-25\times x$　❷ 300

★　★　★

1 ❶ $x\times6=y$　❷ 36　❸ 7.5

2 ❶ ㋑　❷ ㋒　❸ ㋓　❹ ㋐

1 ❶ $\dfrac{4}{5}$　　❷ $\dfrac{21}{2}\left(10\dfrac{1}{2}\right)$

❸ 9　　❹ 15　　❺ $\dfrac{1}{8}$

❻ $\dfrac{5}{12}$　　❼ $\dfrac{3}{14}$　　❽ $\dfrac{1}{2}$

2 $\dfrac{4}{5}\times3=\dfrac{12}{5}$　　$\dfrac{12}{5}\left(2\dfrac{2}{5}\right)$kg

3 $\dfrac{13}{4}\div2=\dfrac{13}{8}$　　$\dfrac{13}{8}\left(1\dfrac{5}{8}\right)$m

★　★　★

1 ❶ $\dfrac{21}{2}\left(10\dfrac{1}{2}\right)$　❷ $\dfrac{5}{2}\left(2\dfrac{1}{2}\right)$

❸ 12　　❹ 42　　❺ $\dfrac{17}{120}$

❻ $\dfrac{1}{24}$　　❼ $\dfrac{1}{8}$　　❽ $\dfrac{13}{21}$

2 $\dfrac{8}{9}\times18=16$　　　16kg

3 $\dfrac{7}{8}\div4=\dfrac{7}{32}$　　　$\dfrac{7}{32}$L

1 $\dfrac{\boxed{4}}{3}\times\dfrac{2}{7}=\dfrac{\boxed{4}\times2}{3\times7}=\dfrac{\boxed{8}}{\boxed{21}}$

2 ❶ $\dfrac{9}{35}$　❷ $\dfrac{4}{27}$　❸ $\dfrac{1}{4}$　❹ 1

❺ $\dfrac{1}{12}$　❻ $\dfrac{1}{5}$　❼ $\dfrac{15}{2}\left(7\dfrac{1}{2}\right)$

❽ $\dfrac{8}{21}$　❾ $\dfrac{14}{5}\left(2\dfrac{4}{5}\right)$　❿ 3

3 ❶ $<$　　❷ $>$　　❸ $>$

★　★　★

1 ❶ $\dfrac{25}{12}\left(2\dfrac{1}{12}\right)$　❷ $\dfrac{3}{8}$　❸ $\dfrac{12}{25}$

❹ $\dfrac{1}{12}$　❺ $\dfrac{35}{9}\left(3\dfrac{8}{9}\right)$　❻ 22

❼ $\dfrac{3}{2}\left(1\dfrac{1}{2}\right)$　❽ $\dfrac{68}{3}\left(22\dfrac{2}{3}\right)$

2 $120\times1\dfrac{1}{3}=160$　　　160円

3 ❶ $\dfrac{16}{105}$　❷ $\dfrac{7}{8}$　❸ $\dfrac{7}{15}$　❹ $\dfrac{3}{10}$

❺ $\dfrac{2}{5}$　　❻ $\dfrac{70}{11}\left(6\dfrac{4}{11}\right)$

1 ❶ $\dfrac{7}{10}\times\dfrac{5}{6}=\dfrac{7}{12}$　　　$\dfrac{7}{12}$m²

❷ $3\times\dfrac{10}{9}=\dfrac{10}{3}$　$\dfrac{10}{3}\left(3\dfrac{1}{3}\right)$cm²

❸ $\dfrac{2}{3}\times\dfrac{7}{4}\times\dfrac{3}{5}=\dfrac{7}{10}$　　$\dfrac{7}{10}$m³

2 ❶ $\dfrac{6}{7}$　❷ 22　❸ 6　❹ $\dfrac{2}{5}$

3 ❶ $\dfrac{5}{2}$　❷ 4　❸ $\dfrac{1}{9}$　❹ 5

★　★　★

1 $1\dfrac{2}{3}\times2\dfrac{1}{10}=\dfrac{7}{2}$　　$\dfrac{7}{2}\left(3\dfrac{1}{2}\right)$m²

2 $\dfrac{3}{5}\times\dfrac{3}{5}\times\dfrac{3}{5}=\dfrac{27}{125}$　　$\dfrac{27}{125}$m³

3 ❶ $\dfrac{2}{5}$　　❷ $\dfrac{7}{15}$　　❸ 34

④ 17　⑤ $\frac{3}{5}$　⑥ 5

④ ① $\frac{13}{6}$　② $\frac{3}{5}$　③ $\frac{5}{7}$　④ $\frac{100}{3}$

8　17・18ページ

① $\frac{2}{7} \div \frac{5}{4} = \frac{2}{7} \times \frac{4}{5} = \frac{2 \times 4}{7 \times 5} = \frac{8}{35}$

② ① $\frac{25}{42}$　② $\frac{15}{56}$　③ $\frac{8}{9}$　④ $\frac{1}{6}$

③ ① $\frac{8}{5}\left(1\frac{3}{5}\right)$　② $\frac{1}{14}$　③ $\frac{3}{4}$
　④ $\frac{7}{2}\left(3\frac{1}{2}\right)$　⑤ $\frac{7}{18}$　⑥ $\frac{3}{35}$

④ $\frac{1}{3} \div \frac{3}{7} = \frac{7}{9}$　　　$\frac{7}{9}$ m²

⑤ ① <　② <　③ >

★ ★ ★
① ① $\frac{15}{14}\left(1\frac{1}{14}\right)$　② $\frac{9}{8}\left(1\frac{1}{8}\right)$
　③ $\frac{27}{8}\left(3\frac{3}{8}\right)$　④ $\frac{18}{35}$

② ① $\frac{15}{4}\left(3\frac{3}{4}\right)$　② $\frac{10}{7}\left(1\frac{3}{7}\right)$　③ $\frac{3}{4}$
　④ $\frac{2}{3}$　⑤ $\frac{8}{3}\left(2\frac{2}{3}\right)$　⑥ $\frac{4}{15}$

③ ① $\frac{16}{5}\left(3\frac{1}{5}\right)$　② $\frac{1}{16}$　③ 8
　④ $\frac{9}{2}\left(4\frac{1}{2}\right)$　⑤ $\frac{4}{5}$　⑥ 2

④ $1\frac{5}{8} \div \frac{5}{12} = \frac{39}{10}$　　$\frac{39}{10}\left(3\frac{9}{10}\right)$ kg

9　19・20ページ

① ① $\frac{7}{10} \times \frac{5}{6} \times \frac{2}{1} = \frac{7 \times 5 \times 2}{10 \times 6 \times 1}$
　$= \frac{7}{6}\left(1\frac{1}{6}\right)$

② $\frac{9}{1} \times \frac{15}{10} \times \frac{4}{3} = \frac{9 \times 15 \times 4}{1 \times 10 \times 3}$
　$= 18$

② ① $\frac{3}{16}$　② $\frac{7}{25}$　③ $\frac{4}{7}$　④ 2

③ ① $20 \div 1.6 \times \frac{2}{5} = 5$　　　5 g
　② $1.6 \div 20 \times 12.5 = 1$　　1 m

★ ★ ★
① ① $\frac{25}{3}\left(8\frac{1}{3}\right)$　② 20　③ $\frac{1}{20}$
　④ $\frac{5}{7}$　⑤ $\frac{5}{6}$　⑥ $\frac{5}{8}$　⑦ $\frac{7}{20}$
　⑧ 4　⑨ $\frac{40}{7}\left(5\frac{5}{7}\right)$　⑩ $\frac{2}{3}$

② $2.4 \div \frac{1}{5} \div 4 = 3$　　　3 本

③ $2.5 \times 9 \div \frac{3}{4} = 30$　　　30 個

10　21・22ページ

① ① $\frac{12}{5} \times \frac{3}{2} = \frac{18}{5}$　　$\frac{18}{5}\left(3\frac{3}{5}\right)$ km
　② $\frac{15}{8} \div \frac{5}{4} = \frac{3}{2}$　　$\frac{3}{2}\left(1\frac{1}{2}\right)$ 倍
　③ $\frac{5}{8} \div \frac{5}{3} = \frac{3}{8}$　　　　　$\frac{3}{8}$

② $\frac{2}{3} \div \frac{1}{6} = 4$　　　4 倍

③ $x \times \frac{5}{9} = 20$
　$x = 20 \div \frac{5}{9} = 36$　　36 人

★ ★ ★
① ① $4 \times \frac{3}{8} = \frac{3}{2}$　　$\frac{3}{2}\left(1\frac{1}{2}\right)$ kg
　② $\frac{3}{4} \div \frac{7}{8} = \frac{6}{7}$　　　　$\frac{6}{7}$ 倍

❸ $\dfrac{5}{4}÷\dfrac{10}{3}=\dfrac{3}{8}$ $\dfrac{3}{8}$

2 $\dfrac{45}{4}÷\dfrac{27}{2}=\dfrac{5}{6}$ $\dfrac{5}{6}$ 倍

3 $x×\dfrac{3}{5}=84$

$x=84÷\dfrac{3}{5}=140$ 140 ページ

11   23・24ページ

1 ❶ 2:9   ❷ 7:5

2 ❶ $\dfrac{3}{4}$ ❷ $\dfrac{2}{9}$ ❸ $\dfrac{1}{2}$ ❹ $\dfrac{3}{2}$

   ❺ $\dfrac{4}{3}$ ❻ $\dfrac{1}{3}$ ❼ 5   ❽ $\dfrac{1}{3}$

3 ㋐と㋕、㋑と㋒、㋓と㋙

★ ★ ★

1 ❶ $\dfrac{9}{10}$ ❷ $\dfrac{4}{5}$ ❸ $\dfrac{1}{20}$ ❹ $\dfrac{3}{4}$

   ❺ 3   ❻ 4

2 $0.5÷(2.5-0.5)=\dfrac{1}{4}$ $\dfrac{1}{4}$

3 $1200÷(1200-450)=\dfrac{8}{5}$ $\dfrac{8}{5}$

4 ❶ 0.8:1(20:25、4:5) ❷ $\dfrac{4}{5}$

12   25・26ページ

1 ❶ 2   ❷ 1   ❸ 3

   ❹ 7   ❺ 2   ❻ 2

2 ❶ 4:1 ❷ 20:13 ❸ 3:2

   ❹ 4:3 ❺ 12:5 ❻ 8:3

3 $2000×\dfrac{3}{5}=1200$ 1200 円

4 $36×\dfrac{5}{9}=20$ 20 枚

★ ★ ★

1 ❶ 3:1 ❷ 9:8 ❸ 3:1

   ❹ 7:3 ❺ 4:3 ❻ 1:10

2 ❶ 12 ❷ 3   ❸ 3   ❹ 6

3 $45×\dfrac{10}{3}=150$ 150 mL

4 $300×\dfrac{3}{5}=180$ 180 cm

13   27・28ページ

1 拡大図…㋔   縮図…㋓

2 ❶    ❷

★ ★ ★

1 ❶ 15 cm   ❷ 4 cm   ❸ 37°

2

14   29・30ページ

1 ❶ $\dfrac{1}{10000}$、1:10000

   ❷ $\dfrac{1}{200000}$、1:200000

   ❸ $\dfrac{1}{30000}$、1:30000

2 ❶ 20 cm   ❷ 3 cm

3 ❶ 156 m   ❷ 606 m

★ ★ ★

1 ❶ $\dfrac{1}{400000}$、1:400000

② $\dfrac{1}{250000}$、 $1:250000$

③ $\dfrac{1}{625000}$、 $1:625000$

2 ● 1.5km　● 0.2km

3 （縮図は省略）　約26m

15　　　　　　　　　31・32ページ

1 ● 42回　　● 46回
　● （上から）2、4、8、2
　● 10人、62.5%
　● 4番め…40回以上50回未満
　　11番め…30回以上40回未満

　　　　　★　★　★

1 ● 1組…2.9秒　2組…2.8秒
　● 1組…8.1秒　2組…8.2秒

2 ● ⑦ 5　　① 10
　● 8.0秒以上9.0秒未満、50%

16　　　　　　　　　33・34ページ

1 ● 右の図
　● 30点以
　　上35点
　　未満
　● 33点
　● 25%

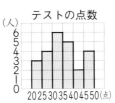
テストの点数
（人）

2 ● 45～49才　● 70～79才

　　　　　★　★　★

1 ● 右の図
　● 33分
　● 25%

2 ● 2班
　● 1班

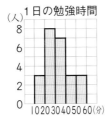
1日の勉強時間
（人）

17　　　　　　　　　35・36ページ

1 ● $5\times5\times3.14=78.5$
　　　　　　　　$78.5\,cm^2$
　● $4\times4\times3.14=50.24$
　　　　　　　　$50.24\,cm^2$

2 ● $7\times7\times3.14\div2=76.93$
　　　　　　　　$76.93\,cm^2$
　● $6\times6\times3.14\div4=28.26$
　　　　　　　　$28.26\,cm^2$

3 $8\times8\times3.14-4\times4\times3.14$
$=150.72$　　　$150.72\,cm^2$

　　　　　★　★　★

1 ● $3\times3\times3.14=28.26$
　　　　　　　　$28.26\,cm^2$
　● $4\times4\times3.14\div2=25.12$
　　　　　　　　$25.12\,cm^2$
　● $12\times12\times3.14\div4$
　　$=113.04$　　　$113.04\,cm^2$
　● $2\times4=8$　　　　$8\,cm^2$

2 ● $6\times6\times3.14=113.04$
　　　　　　　　$113.04\,cm^2$
　● $2\times2\times3.14\div4\times2$
　　$=6.28$　　　$6.28\,cm^2$

18　　　　　　　　　37・38ページ

1 ● $8\times8-4\times4\times3.14$
　　$=13.76$　　　$13.76\,cm^2$
　● $8\times12-4\times4\times3.14$
　　$=45.76$　　　$45.76\,cm^2$
　● $(7\times7\times3.14-4\times4\times3.14)$
　　$\div4=25.905$　　$25.905\,cm^2$
　● $6\times6\times3.14\div2-3\times3$

$\times 3.14=28.26$　$28.26\,\text{cm}^2$

2 ❶ $6\times6\times3.14\div4-3\times3\times3.14$
$\div2=14.13$　　$14.13\,\text{cm}^2$

❷ $14\times14-7\times7\times3.14$
$=42.14$　　　$42.14\,\text{cm}^2$

★ ★ ★

1 ❶ $8\times8\times3.14\div4=50.24$
$50.24\,\text{cm}^2$

❷ $10\times10-5\times5\times3.14\div2$
$-5\times5=35.75$　$35.75\,\text{cm}^2$

❸ $6\times6\times3.14\div2-12\times6$
$\div2=20.52$　　$20.52\,\text{cm}^2$

❹ $6\times6\times3.14-4\times4\times3.14$
$=62.8$　　　　$62.8\,\text{cm}^2$

2 ❶ $20\times20\div2=200$　$200\,\text{cm}^2$

❷ $4\times8=32$　　　　$32\,\text{cm}^2$

1 ❶ $6\times6\times6=216$　$216\,\text{cm}^3$

❷ $6\times3\div2\times8=72$　$72\,\text{cm}^3$

❸ $4\times3\div2\times6=36$　$36\,\text{cm}^3$

❹ $(5+3)\times2\div2\times7=56$
$56\,\text{cm}^3$

❺ $10\times10\times3.14\times20$
$=6280$　　　　$6280\,\text{cm}^3$

★ ★ ★

1 $56\div(7\times4\div2)=4$　　$4\,\text{cm}$

2 ❶ $(3+6)\times4\div2\times6=108$
$108\,\text{cm}^3$

❷ $3\times3\times3.14\times10$
$=282.6$　　　$282.6\,\text{cm}^3$

❸ $4\times4\times3.14\div2\times5$
$=125.6$　　　$125.6\,\text{cm}^3$

❹ $(4\times6-2\times2)\times8$
$=160$　　　　$160\,\text{cm}^3$

1 $(3+6)\times3\div2=13.5$
約 $13.5\,\text{km}^2$

2 ❶ 三角形

❷ $60\times22\div2=660$
約 $660\,\text{km}^2$

3 ❶ 四角形

❷ $400\times400\div2=80000$
約 $80000\,\text{km}^2$

★ ★ ★

1 ❶ $12\times12\times3.14=452.16$
約 $452.16\,\text{km}^2$

❷ $56\times8=448$　約 $448\,\text{km}^2$

2 ❶ $25\times10\times5=1250$
約 $1250\,\text{cm}^3$

❷ $3\times3\times3.14\times20=565.2$
約 $565.2\,\text{cm}^3$

1 ❶ ○　❷ ×　❸ ○　❹ ○

2 ❶ 2　　　　❷ $y=x\times2$

❸ ⑦ 8　⑦ 10　⑦ 7　⑦ 9

★ ★ ★

1 ❶ ×　❷ ○　❸ ○　❹ ×

2 ❶ 比例している。❷ $y=4\times x$

❸ $y=4\times16=64$　　$64\,\text{cm}$

❹ $15\div10=\dfrac{3}{2}$　　$\dfrac{3}{2}$(1.5)倍

1 ❶ ⑦ 4　　⑦ 8　　⑦ 12

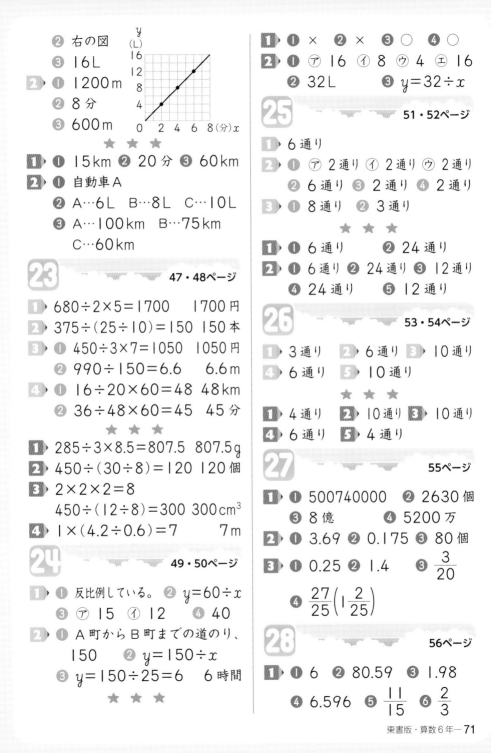

❷ 右の図
❸ 16L

2 ❶ 1200m
❷ 8分
❸ 600m

★ ★ ★

1 ❶ 15km ❷ 20分 ❸ 60km

2 ❶ 自動車A
❷ A…6L　B…8L　C…10L
❸ A…100km　B…75km
　C…60km

㉓ 47・48ページ

1 680÷2×5=1700　1700円

2 375÷(25÷10)=150　150本

3 ❶ 450÷3×7=1050　1050円
❷ 990÷150=6.6　6.6m

4 ❶ 16÷20×60=48　48km
❷ 36÷48×60=45　45分

★ ★ ★

1 285÷3×8.5=807.5　807.5g

2 450÷(30÷8)=120　120個

3 2×2×2=8
450÷(12÷8)=300　300cm³

4 1×(4.2÷0.6)=7　7m

㉔ 49・50ページ

1 ❶ 反比例している。❷ $y=60÷x$
❸ ㋐ 15　㋑ 12　❹ 40

2 ❶ A町からB町までの道のり、
150　❷ $y=150÷x$
❸ $y=150÷25=6$　6時間

★ ★ ★

1 ❶ × ❷ × ❸ ○ ❹ ○

2 ❶ ㋐ 16 ㋑ 8 ㋒ 4 ㋓ 16
❷ 32L　❸ $y=32÷x$

㉕ 51・52ページ

1 6通り

2 ❶ ㋐ 2通り ㋑ 2通り ㋒ 2通り
❷ 6通り ❸ 2通り ❹ 2通り

3 ❶ 8通り　❷ 3通り

★ ★ ★

1 ❶ 6通り　❷ 24通り

2 ❶ 6通り ❷ 24通り ❸ 12通り
❹ 24通り　❺ 12通り

㉖ 53・54ページ

1 3通り **2** 6通り **3** 10通り
4 6通り **5** 10通り

★ ★ ★

1 4通り **2** 10通り **3** 10通り
4 6通り **5** 4通り

㉗ 55ページ

1 ❶ 500740000 ❷ 2630個
❸ 8億　　❹ 5200万

2 ❶ 3.69 ❷ 0.175 ❸ 80個

3 ❶ 0.25 ❷ 1.4　❸ $\frac{3}{20}$
❹ $\frac{27}{25}\left(1\frac{2}{25}\right)$

㉘ 56ページ

1 ❶ 6 ❷ 80.59 ❸ 1.98
❹ 6.596 ❺ $\frac{11}{15}$ ❻ $\frac{2}{3}$

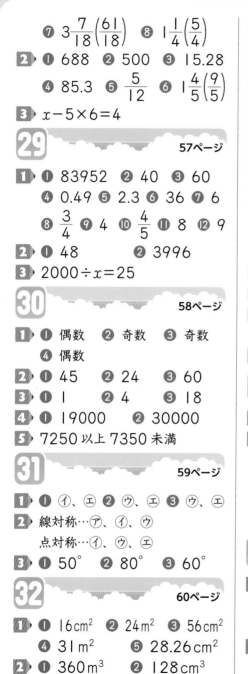

❼ $3\frac{7}{18}\left(\frac{61}{18}\right)$　❽ $1\frac{1}{4}\left(\frac{5}{4}\right)$

2 ❶ 688　❷ 500　❸ 15.28

❹ 85.3　❺ $\frac{5}{12}$　❻ $1\frac{4}{5}\left(\frac{9}{5}\right)$

3 $x-5\times6=4$

29　57ページ

1 ❶ 83952　❷ 40　❸ 60

❹ 0.49　❺ 2.3　❻ 36　❼ 6

❽ $\frac{3}{4}$　❾ 4　❿ $\frac{4}{5}$　⓫ 8　⓬ 9

2 ❶ 48　　❷ 3996

3 $2000\div x=25$

30　58ページ

1 ❶ 偶数　❷ 奇数　❸ 奇数

❹ 偶数

2 ❶ 45　❷ 24　❸ 60

3 ❶ 1　　❷ 4　　❸ 18

4 ❶ 19000　❷ 30000

5 7250 以上 7350 未満

31　59ページ

1 ❶ ④、⑤　❷ ⑤、⑤　❸ ⑤、⑤

2 線対称…⑦、④、⑤

点対称…④、⑤、⑤

3 ❶ 50°　❷ 80°　❸ 60°

32　60ページ

1 ❶ 16cm²　❷ 24m²　❸ 56cm²

❹ 31m²　　❺ 28.26cm²

2 ❶ 360m³　❷ 128cm³

❸ 3768cm³

33　61ページ

1 ❶ m　　❷ g

2 ❶ 3000　❷ 2　❸ 50000

❹ 0.03　❺ 1500

❻ 0.25　❼ 7000000

❽ 12　❾ 3000　❿ 6

3 ❶ $y=x\times4$、○

❷ $y=80\div x$、×

❸ $y=350\times x$、○

34　62ページ

1 ❶ 300g　❷ 60kg

2 ❶ 分速70m　❷ 20分

3 ❶ 8%　　❷ 20%

❸ 103%　❹ 140%

4 ❶ 8　❷ 25　❸ 400　❹ 1530

35　63ページ

1 ❶ ⑤　❷ ⑤　❸ ⑦　❹ ④

2 1組、2組の順に

❶ 17.8秒、17.9秒

❷ 17秒、18秒

❸ 17.5秒、18秒

❹ 16秒、16秒

36　64ページ

1 ❶ ア…8　　　イ…12

❷ $x\times4-4=y$

❸ 36　　❹ 26

2 ❶ ア…13　イ…17　❷ 25

❸ $1+4\times(x-1)=y$　❹ 45

3 2 1 0 9 8 7 6 5 4
* * D C B A